Ernst Probst / Raymund Windolf

Emausaurus

Der erste Dinosaurierfund
in Mecklenburg-Vorpommern

Widmung

Regina Cossmann gewidmet,
die bei der Entstehung der Werke
„Dinosaurier in Deutschland" (1993)
und „Emausaurus" (2019)
wertvolle Hilfe geleistet hat!

Impressum:
Emausaurus
1. Auflage als Print-Buch: August 2019
Autoren: Ernst Probst und Raymund Windolf
Anschrift von Ernst Probst:
Im See 11, 55246 Mainz-Kostheim
Telefon: 06134/21152
E-Mail: ernst.probst (at) gmx.de
Herstellung: Amazon Distribution GmbH, Leipzig
Alle Rechte vorbehalten
ISBN: 978-1-089-03813-9

Mögliches Lebensbild von Emausaurus
in Anlehnung an Scelidosaurus,
verändert und kombiniert nach verschiedenen Autoren.
Zeichnung:
Raymund Windolf (1953–2010)

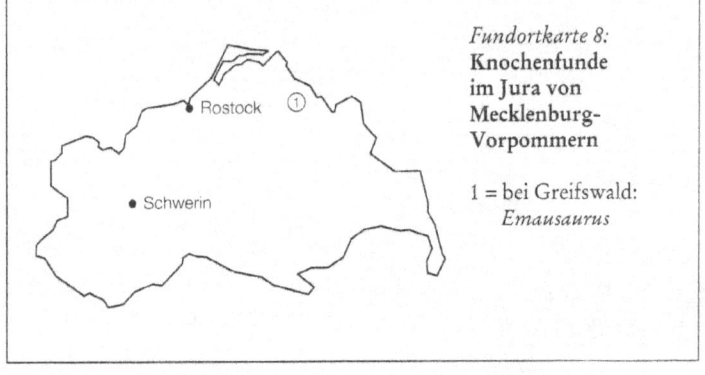

Fundortkarte 8:
**Knochenfunde
im Jura von
Mecklenburg-
Vorpommern**

1 = bei Greifswald:
Emausaurus

*Auf der Karte über Knochenfunde von Dinosauriern
aus der Jurazeit in Mecklenburg-Vorkommen
im Buch „Dinosaurier in Deutschland" (1993)
von Ernst Probst und Raymund Windolf (1953–2010)
ist bisher nur ein einziger Fundort
bei Greifswald zu finden.*

Vorwort

Im Sommer 1963 kam in einer Tongrube nahe der Ostseestadt Greifswald eine Steinknolle zum Vorschein, die fossile Knochen enthielt. Ab Frühjahr 1988 untersuchte der Paläontologe Hartmut Haubold aus Halle/Saale diesen Fund und beschrieb ihn 1990 als eine bis dahin unbekannte Dinosaurierart. Haubold bezeichnete den ersten Dinosaurierfund aus Mecklenburg-Vorpommern als *Emausaurus ernsti*. Der Gattungsname *Emausaurus* besteht aus den Anfangsbuchstauben der Ernst-Moritz-Arndt-Universität in Greifswald. Mit dem Artnamen *ernsti* wird der Entdecker Werner Ernst geehrt. Zu dem Fund von 1963 gehören ein 14 Zentimeter langer Schädel, Rippen, Wirbelknochen, Hand- und Fußknochen sowie Hautpanzer-platten. Der schätzungsweise 1 bis 2 Meter lange *Emausaurus* lebte in der Unterjurazeit vor etwa 180 Millionen Jahren, war ein Pflanzenfresser und durch Panzerplatten vor Raubdino-sauriern geschützt. Was man bisher über ihn weiß, wird in dem Taschenbuch „Emausaurus" des Wissenschaftsautors Ernst Probst und des Paläontologen Raymund Windolf (1953–2010) geschildert.

Ölgemälde „Kreidefelsen auf Rügen" (um 1818)
von Caspar David Friedrich (1774–1840).
Original im „Kunst Museum Winterthur".
Foto: (via Wikimedia Commons),
Lizenz: gemeinfrei (Public domain)

Emausaurus

Ein gepanzerter Dinosaurier
aus Mecklenburg-Vorpommern

Die von Caspar David Friedrich (1774–1840) gemalten
Kreidefelsen der größten deutschen Insel sind bekannter als
die Insel Rügen selbst. Fossiliensammler schätzen die kreide-
zeitliche Meeresfauna aus Ammoniten, Armfüßern und anderen
wirbellosen Tieren. Dass auf dem gegenüberliegenden Festland
aus beinahe 100 Millionen Jahren älteren Gesteinsschichten aber
auch spektakuläre Entdeckungen stammen, wurde erst 1990
bekannt, als ein weltweit einzigartiger Dinosaurierfund von
dort vorgestellt wurde.
Begonnen hat die Geschichte dieses ersten Dinosaurierfundes
aus Mecklenburg-Vorpommern bereits 1963. In einer Tongrube
in der Nähe der Ostseestadt Greifswald sammelte damals der
Geologie-Diplomand Werner Ernst Fossilien für seine Arbeit.
Im Sommer des gleichen Jahres übergab der Leiter des
Tagebaus, Werner Wollin, an den jungen Studenten einen Eimer,
in dem neben einigen anderen Fossilien auch eine Geode, ein
mandelförmiger Stein von 16,5 mal 11 Zentimeter Größe,
enthalten war. In dieser Steinknolle befanden sich fossile
Knochen, die zum Vorschein kamen, als man die kalkige Hülle
mit Ameisensäure ablöste. Im Greifswalder Universitätsinstitut
für Paläontologie übernahm Professor Hans Wehrli (1902–
1978) die Bearbeitung dieses Fundes, verstarb aber, bevor er
das beste Teilstück, einen Schädel, untersuchen konnte.
Fast ein ganzes Jahrzehnt dauerte es, bis dieser einzigartige
Fund im Frühjahr 1988 weiterbearbeitet wurde. Dr. Hartmut

Der Raubdinosaurier Megalosaurus in Norddeutschland
war ein Zeitgenosse des gepanzerten Dinosauriers Emausaurus.
Zeichnung: Mariana Ruiz Villarreal (LadyofHats)
(via Wikimedia Commons),
Lizenz: gemeinfrei (Public domain)

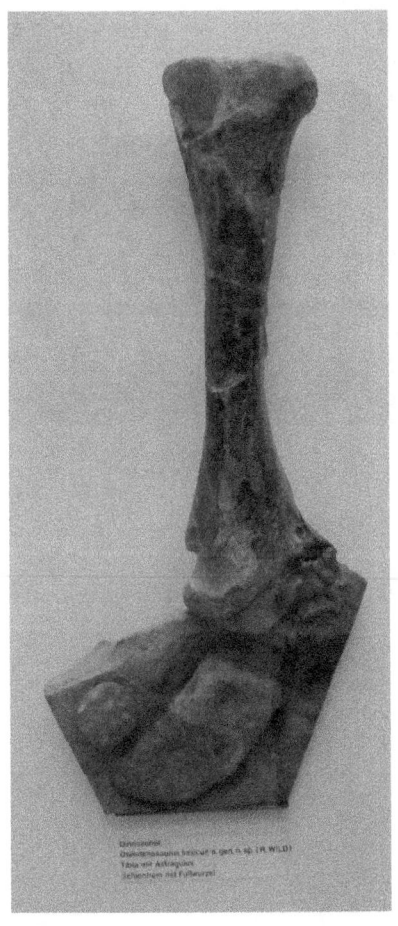

*Auch der Dinosaurier Ohmdenosaurus in Württemberg
war ein Zeitgenosse des gepanzerten Dinosauriers Emausaurus.
Originalfund eines Schienbeins mit Fußwurzel von Ohmdenosaurus
im „Urwelt-Museum Hauff Holzmaden".*
*Foto: Ghedoghedo /CC-BY-SA3.0 (via Wikimedia Commons),
lizensiert unter Creative-Commons-Lizenz by-sa-3.0-en,
https://creativecommons.org/licenses/by-sa/3.0/legalcode*

*Hauptgebäude der Ernst-Moritz-Arndt-Universität
am Rubenowplatz in Greifswald (Altstadt-Campus).
Foto: Markus Studtmann (via Wikimedia Commons),
Lizenz: gemeinfrei (Public domain)*

Haubold vom Geiseltal-Museum in Halle an der Saale musste sich mit der weiteren Erforschung des neuen Dinosauriers beeilen: Durch chemische Umwandlungsprozesse im Gestein begannen die Knochen und Zähne des Dinosauriers zu zerfallen.

Hartmut Haubold gelang es aber, die 51 Einzelknochen, die vom Schädel und von Teilen des Körperskeletts stammen, zu untersuchen und 1990 eine bildliche Rekonstruktion des neuen Dinosauriers vorzustellen. Er nannte das Tier *Emausaurus ernsti*, der Gattungsname verwies auf die Ernst-Moritz-Arndt-Universität in Greifswald. Mit dem Artnamen „*ernsti*" soll der Finder, Werner Ernst, geehrt werden. *Emausaurus* ist der bisher nordöstlichste Dinosaurierfund in Deutschland. Wie der nur von einem Wirbelknochen bekannte Raubdinosaurier *Megalosaurus* aus Ahrensburg und *Ohmdenosaurus liasicus* aus Württemberg lebte *Emausaurus* im ausgehenden Unterjura, dem Unteren Toarc, und ist damit etwa 180 Millionen Jahre alt. Die begleitende Fauna und Flora des norddeutschen Lias gleicht derjenigen, die bei *Ohmdenosaurus* gefunden wurde: Ammoniten, aasfressende Schnecken, Knochenfragmente von Plesio- und Fischsauriern, daneben auch Insekten, Holzstücke und zerkleinerte Pflanzenteile. Zur Zeit des Unteren Toarc wurde das Gebiet des heutigen Mecklenburg-Vorpommern zunehmend vom Meer überflutet. Der Bereich, in dem *Emausaurus* starb, lag nah am Festland in einer haffähnlichen Landschaft innerhalb eines wenig bewegten Meeresteils, an dessen Grund Sauerstoffarmut herrschte.

Einem glücklichen Zufall ist es zu verdanken, dass von *Emausaurus* ausgerechnet der 14 Zentimeter lange Schädel erhalten geblieben ist. Üblicherweise gehören annähernd vollständige Dinosaurierschädel zu den Ausnahmen, aber hier war es gerade umgekehrt, der Schädel war gut, das Körperskelett aber nur

So könnte der Kopf des gepanzerten Dinosauriers Emausaurus ausgesehen haben.
Zeichnung: Raymund Windolf (1953—2010),
umgezeichnet und verändert nach Cornelia Haubold, 1990

sehr unvollständig erhalten. Am Schädel erkannte Hartmut Haubold sehr bald, dass er es mit einem Vogelbeckendinosaurier (Ornithischia) zu tun hatte. Zwar fehlte ein zur Einstufung wichtiger Unterkieferknochen, das Praedentale, aber ein typisches Gefäßloch, das in es einmündet, war vorhanden. Neben dem Schädel sind noch 10 Rippen bzw. deren Fragmente, 6 Reste von Wirbelknochen, 4 Hand- und Fußknochen sowie 4 Hautpanzerplatten erhalten geblieben. Zweifellos kann aber der Schädel am besten Auskunft darüber geben, was für ein Tier *Emausaurus* war und wie es sich ernährte. Die geringe Größe – die Augenhöhlen haben ganze 3,5 Zentimeter Durchmesser – des Schädels zeigt bereits, dass *Emausaurus* zu den kleinsten Vogelbeckendinosauriern gehört. Wie alle anderen Ornithischier war *Emausaurus* ein pflanzenfressender Dinosaurier, was durch einen Blick auf seine Zähne bestätigt wird. Im Vorderteil des Oberkiefers (Praemaxillare) saßen jeweils 5 Zähne, im hinteren Oberkiefer- und in jedem Unterkieferast je 21 Zähne. Die Form der etwa eineinhalb Zentimeter hohen Zähne weicht nicht wesentlich von dem Schema ab, das für primitive Vogelbeckendinosaurier typisch ist, ja es gleicht sogar dem von fortschrittlicheren Ornithischiern wie *Iguanodon*. Die im Umriss betrachteten Zähne sind grob blattförmig, an ihren Kronenrändern ziehen sich bis zu 5 einzelne eingeschnürte Zacken, die Dentikel, hinab. Blickt man am hinteren Oberkiefer in Richtung Gaumen, so sind in zweiter bis fünfter Position bereits nachrückende Ersatzzähne zu sehen. Die Art und Weise, wie der Zahnaustausch vonstatten ging, erinnert schon sehr an das Muster, das von den späteren Platten- und Panzerdinosauriern (Stego- und Ankylosaurier) bekannt ist. Betrachtet man den Schädel von *Emausaurus* von oben, ist eine Besonderheit des Oberkiefers sehr deutlich zu erkennen: Der vorderste Schnauzenteil, das Praemaxillare, hebt sich als

*Die Form der etwa eineinhalb Zentimeter hohen Zähne
von Emausaurus gleicht denen des Dinosauriers Iguanodon.
Zeichnung: Tim Bekaert (via Wikimedia Commons),
Lizenz: gemeinfrei (Public domain)*

schmale „Nase" vom breiteren Bereich dahinter markant ab.
Dass das Praemaxillare vom hinteren Oberkiefer so abrupt
abgesetzt war, erklärt sich mit dem spezialisierten Nahrungs-
erwerb dieser Art: *Emausaurus ernsti* kombinierte seinen
„Pflückschnabel" im Oberkiefer mit dem an der Unterkiefer-
spitze sitzenden hornüberzogenen Praedentale-Schnabel zu
einem „Apparat", mit dem kleine Pflanzenteile oder in kleinen
Gruppen wachsende Pflanzen ausgewählt werden konnten. Mit
den weiter hinten sitzenden Zähnen wurde die Nahrung
zerschnitten und schließlich geschluckt. Welche Pflanzenkost
eine derartige Spezialisierung erforderlich machte, ist auch
deshalb vollkommen unklar, weil kein anderer Dinosaurier
bisher eine vergleichbare Kieferstruktur aufweist. Auch der
restliche Schädel von *Emausaurus* zeigt eine sehr ungewöhnliche
Form. Er ist für einen Vogelbeckendinosaurier sehr breit, wobei
das flache Schädeldach über den Augen von einem Wulst be-
grenzt wird und steil nach unten zum Unterkiefer hin abfällt.
All dies zeigt, dass *Emausaurus* trotz seines hohen geologischen
Alters bereits weitgehend spezialisiert war. Obwohl im Gegensatz zum Schädel von *Emausaurus ernsti* nur wenig Knochen
vom Körperskelett vorliegen, repräsentieren sie glücklicher-
weise doch wichtige Teile, so dass auch ein grobes Bild vom
Körperbau entworfen werden kann. Von den Extremitäten ist
nur ein Bruchstück, wahrscheinlich der körperferne Teil eines
Speichenknochens (Radius), erhalten geblieben, der dennoch
viel über *Emausaurus* erzählen kann. Haubold erkannte an der
Epiphyse, der Fuge zwischen Knochenschaft und Knochen-
ende, die noch nicht geschlossen war, dass dieses *Emausaurus*-
Exemplar noch nicht voll ausgewachsen, vielleicht sogar noch
jugendlich war. Zusammen mit den Mittelfuß- und Zehen-
knochen, dabei auch eine 2 Zentimeter lange Kralle, zeigte
sich, dass die Extremitäten von *Emausaurus* unterschiedlich

Chinesischer Stegosaurier Huayangosaurus aus der Mitteljurazeit.
Zeichnung: Nobu Tamura / http://spinops.blogspot.com /
CC-BY3.0 (via Wikimedia Commons),
lizensiert unter Creative Commons-Lizenz by-3.0-en,
https://creativecommons.org/licenses/by/3.0/deed.en

lang waren, er aber dennoch sehr wahrscheinlich auf allen vieren lief. Wegen seines geringen Alters war dieses Exemplar nur von geringer Körperlänge: Haubold schätzt sie auf ganze 2 Meter, wobei Alttiere nicht größer als 4 Meter wurden, für Dinosauriermaßstäbe also eher bescheidene Ausmaße erreichten.

Eine Besonderheit und sicher die auffälligsten Knochen des Körperskeletts sind Hautknochenplatten (Osteoderme), von denen vier Stück vorhanden sind, die allesamt unterschiedliche Größe und Aussehen aufweisen, also ein wenig Auskunft über die Körperoberfläche von *Emausaurus* geben können. In der Größe variieren die Hautknochenplatten von einem halben Zentimeter bis zu 4,5 Zentimetern. Die größte Platte, der die Spitze fehlt (mit der sie etwa 5,5 Zentimeter hoch gewesen wäre), erinnert an eine Stegosaurierplatte. Sie ist auf einer Seite fast eben, während die andere Seite nach außen gewölbt ist. Nicht zufällig fühlte sich Hartmut Haubold durch diese Platte an den chinesischen Stegosaurier *Huayangosaurus* erinnert, dessen Plattenmuster ähnlich aussah. Wie man an einem Saum am Fuß des Osteoderms erkennen kann, war die große Platte etwa einen halben Zentimeter tief in die Rückenhaut von *Emausaurus* eingesenkt. Beurteilt man diesen plattenähnlichen Hautknochen nach der Symmetrie, die bei mit Panzerplatten ausgestatteten Dinosauriern (Stegosaurier) vorkommt, dann saß er wohl auf der rechten Körperseite recht nahe dem höchsten Punkt des Rückens. Die anderen drei Osteoderme sind wesentlich kleiner und haben stachelförmige Gestalt. Sie sind schief kegelförmig gebaut, und ihre Position am Körper befand sich am ehesten seitlich am Rücken und im Schwanzbereich.

Die Panzerplatten von *Emausaurus* erinnern insgesamt eher an Stegosaurier als an Ankylosaurier. Vergleicht man *Emausaurus* mit anderen Dinosauriern, fallen sofort zwei Formen auf, die

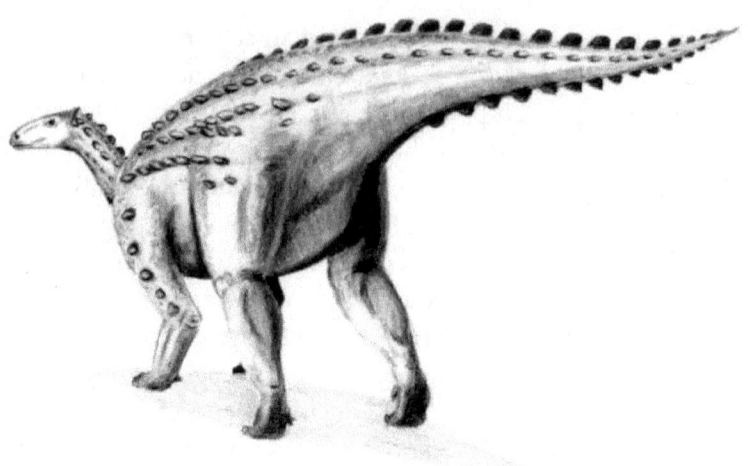

Südenglischer Dinosaurier Scelidosaurus („Gliedmaßenechse").
Zeichnung: Nobu Tamura / http://spinops.blogspot.com /
CC-BY-SA3.0 (via Wikimedia Commons),
lizensiert unter Creative-Commons-Lizenz by-sa-3.0-en,
https://creativecommons.org/licenses/by-sa/3.0/legalcode

Dinosaurier Scutellosaurus („Schildechse") aus Arizona.
Zeichnung: Nobu Tamura / http://spinops.blogspot.com /
CC-BY-SA3.0 (via Wikimedia Commons),
lizensiert unter Creative-Commons-Lizenz by-sa-3.0-en,
https://creativecommons.org/licenses/by-sa/3.0/legalcode

Ungarischer Paläontologe
Franz Baron von Nopsca (1877–1933).
Foto: Porträt vor 1933

sehr ähnlich sind und auch aus dem Unteren Jura stammen: Der südenglische *Scelidosaurus* („Gliedmaßenechse"), inzwischen durch Panzerplatten auch in Arizona nachgewiesen, und *Scutellosaurus* („Schildechse"), ebenfalls aus dem nordamerikanischen Bundesstaat Arizona. Man stellt sie zu den sehr ursprünglichen Vogelbeckendinosauriern, deren besonderes Kennzeichen die beginnende Panzerung des Körpers ist. Während manche pflanzenfressende Dinosaurier vor Fleischfressern ihr Heil in der Flucht suchten und einen leichten Körperbau mit langen Laufbeinen entwickelten, schlug eine andere Dinosauriergruppe eine alternative Verteidigungs-strategie ein: passiver Schutz durch Stacheln, Dornen oder Platten, die an Rücken, Flanken und Schwanz wuchsen und Fleischfressern beim Hineinbeißen schmerzhafte Wunden zufügen konnten.

Der liassische Dinosaurier *Scutellosaurus lawleri* demonstriert, wie die Entwicklung begonnen haben könnte, da er zumindest zeitweilig auf den deutlich längeren Hinterbeinen lief. Die Ausbildung der Panzerung und deren zunehmende Schwere drückte in der Folge die gepanzerten Dinosaurier immer mehr auf alle vier Beine nieder, und Stegosaurier und Ankylosaurier als Endpunkte dieses Evolutionsschritts liefen dann nur noch vierfüßig. Sowohl bei *Scutellosaurus* als auch bei *Emausaurus* muten die Panzerplatten eher stegosaurierhaft an. In seinem Gesamthabitus scheint *Emausaurus* aber am ehesten seinem englischen Pendant *Scelidosaurus harrisonii*, einem ca. 3,50 Meter langen Vierfüßer, geglichen zu haben, dem er auch in der Größe nahe kommt. Bei *Scutellosaurus* entfallen im Gegensatz dazu von seinen 1,40 Metern Länge allein fast 90 Zentimeter auf den unglaublich langen Schwanz.

1915 schlug der ungarische Paläontologe Franz Baron von Nopsca (1877–1933) vor, alle Horn-, Platten- und Panzerdinosaurier unter dem Oberbegriff „Thyreophora" („Schildträger")

Rekonstuktion eines Ankylosaurus.
Zeichnung: Mariana Ruiz Villarreal (LadyofHats)
(via Wikimedia Commons),
Lizenz: gemeinfrei (Public domain)

zusammenzufassen. Seit Mitte der 1980er Jahre wird dieser Begriff angewandt, die Wissenschaftler beschränken ihn allerdings nur noch auf Stegosaurier und Ankylosaurier und die sehr ursprünglichen Gattungen *Scelidosaurus* und *Scutellosaurus*. Gemeinsame Merkmale der Thyreophora sind eine besondere Ausbildung des Jochbeinknochens (Jugale) am Schädel und der Besitz von gekielten Knochenplatten, die sich auf der Körperoberseite in parallel liegenden Reihen anordnen. *Emausaurus* wurde von Hartmut Haubold ebenfalls in die Nähe der „schildtragenden Dinosaurier" gerückt, wenn er auch in manchen Skelettmerkmalen von ihnen abweicht.

*Emausauru*s hatte seine Panzerung als Schutz vor fleischfressenden Dinosauriern ausgebildet, denen der auf plumpen Gliedmaßen laufende Ornithischier sonst hilflos ausgeliefert gewesen wäre, weil er nicht die Schnelligkeit anderer Dinosaurier besaß. Warum der noch nicht voll ausgewachsene *Emausaurus* von Greifswald schon im Jugendalter sterben musste und wie er vom Festland in das Meer kam, entzieht sich unserer Kenntnis. Genauso wenig ist bekannt, wo dieser Pflanzenfresser lebte. Es bieten sich sowohl Inseln an wie auch die südlichen und nördlichen Festländer, die als „Fennoskandia" und „Herzynisch-Böhmische Masse" (von der ein Teil Jahrmillionen zuvor als „Vindelizisches Land" Lebensraum der Plateosaurier war) bezeichnet werden. Hartmut Haubold vermutet, dass ursprünglich das gesamte *Emausaurus*-Skelett möglicherweise über 50 Kilometer weit vom Lebensraum zum Einbettungsort transportiert wurde, erst durch Flüsse, dann durch Meeresströmungen. Nur weil die bei einem so jungen Dinosaurier noch recht lose zusammen hängenden Schädelknochen von Kalkschlamm, der später zur Geode wurde, eingeschlossen und umhüllt wurden, überdauerte der Schädel von *Emausaurus ernsti* die lange Zeitspanne von seiner Einbettung bis heute.

Frankfurter Paläontologe Hermann von Meyer (1801–1869).
Bild: Lithographie von C. J. Allemagne von 1837

Dinosaurierfunde
in Deutschland

1834: Entdeckung des ersten Dinosauriers *(Plateosaurus engelhardti)* in Franken
1837: Hermann von Meyer beschreibt *Plateosaurus engelhardti* aus Franken
um 1840: Wilhelm Dunker entdeckt bei Obernkirchen (Niedersachsen) einen Zahn des Leguanzahndinosauriers *Iguanodon*
1857: Hermann von Meyer beschreibt *Stenopelix valdensis* aus den Bückebergen (Niedersachsen)
1859: Andreas Wagner beschreibt *Compsognathus longipes* aus Kelheim oder Jachenhausen bei Riedenburg (Bayern)
1861: Hermann von Meyer bezeichnet eine 1860 in Solnhofen entdeckte Feder als *Archaeopteryx lithographica*.
1861 findet man bei Langenaltheim das erste Skelettexemplar eines Urvogels, den man ebenfalls *Archaeopteryx* zurechnet. *Archaeopteryx* gilt heute als Raubdinosaurier.
1879–1881: Erste Fährtenfunde in den Bückebergen und den Rehburger Bergen (Niedersachsen)
1904: Erste Knochenfunde in Trossingen (Baden-Württemberg)
1908: Friedrich von Huene beschreibt *Sellosaurus gracilis* (heute: *Plateosaurus gracilis)* und *Halticosaurus longotarsus* (heute: *Liliensternus liliensterni)*
1909: *Procompsognathus* wird am Nordhang des Stromberges bei Pfaffenhofen (Baden-Württemberg) entdeckt; der Schüler Hermann Weiß entdeckt Plateosaurierknochen in Trossingen;

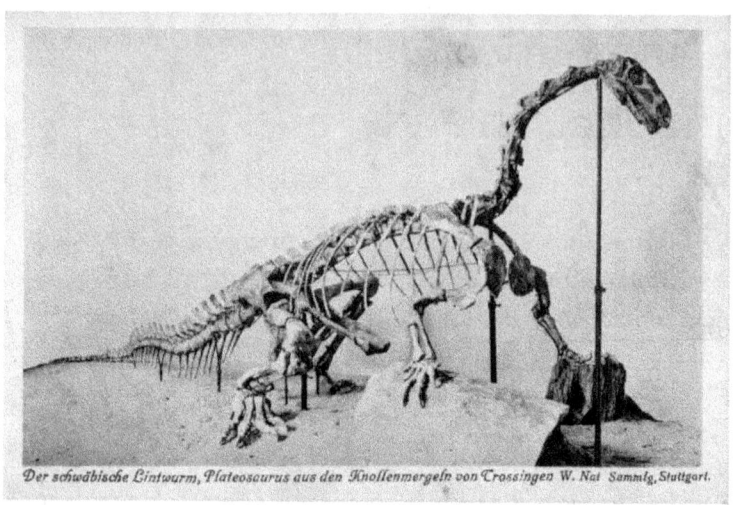

Der schwäbische Lintwurm, Plateosaurus aus den Knollenmergeln von Trossingen W. Nat Sammlg. Stuttgart.

„Schwäbischer Lintwurm" Plateosaurus
aus den Knollenmergeln von Trossingen in Württemberg
auf einer alten Postkarte

erste Dinosaurierskelettfunde in Halberstadt (Sachsen-Anhalt)

1910: Die Grabungen in Halberstadt beginnen

1911: Wichtige Fährtenfunde im Keuper Württembergs

1911–1912: Erste Trossinger Grabung

1913: Eberhard Fraas beschreibt *Procompsognathus triassicus* vom Nordhang des Stromberges bei Pfaffenhofen (Baden-Württemberg)

1921: Die Barkhausener Dinosaurierfährten (Niedersachsen) werden entdeckt

1921–1923: Zweite Trossinger Grabung

1932: Dritte Trossinger Grabung. Bei insgesamt sechs Grabungen werden Reste von fast 100 Plateosauriern geborgen

1932/1933: Hugo Rühle von Lilienstern gräbt am Großen Gleichberg in Thüringen zwei Skelette von *Plateosaurus* und zwei weitere von *Liliensternus* (früher: *Halticosaurus*) aus

1934: Willi Weiss entdeckt in Franken die Fährte *Coelurosaurichnus schlauersbachensis*

1948: Die Fährte *Coelurosaurichnus (Dinosaurichnium) moeni* wird beschrieben

1950: Karl Beurlen beschreibt die Fährte *Coelurosaurichnus kehli;* Kurt Rehnelt beschreibt die Fährten *Coelurosaurichnus schlehenbergensis* und *Coelurosaurichnus kronbergeri;*

1952: Florian Heller beschreibt die Fährte *Coelurosaurichnus metzneri,* die ab 1986 der Fährtengattung *Atreipus* zugerechnet wird

1958: Oskar Kuhn beschreibt zwei Dinosaurierfährten aus Franken: *Coelurosaurichnus ziegelangerensis* und *Coelurosaurichnus sassendorfensis*

1963: *Emausaurus* wird in einer Tongrube bei Greifswald

(Mecklenburg-Vorpommern) entdeckt

1975: Erste Dinosaurierknochen aus Nehden bei Brilon (Nordrhein-Westfalen) tauchen auf

1978: Rupert Wild beschreibt *Ohmdenosaurus liasicus* aus der Gegend von Ohmden (Baden-Württemberg)

1979: Die Münchehagener Dinosaurierfährten werden entdeckt

1980–1982: Ausgrabungen in Nehden mit großartigen Funden der Leguanzahndinosaurier *Iguanodon atherfieldensis* und *Iguanodon bernissartensis*

1982: Im Wiehengebirge (Nordrhein-Westfalen) wird ein vermeintliches Schwanzstachelfragment des Stegosauriers *Lexovisaurus* entdeckt; Kurt Rehnelt beschreibt die Fährte *Coelurosaurichnus arntzeniusi*

1988: Im Stromberg bei Pfaffenhofen (Baden-Württemberg) kommt die Fährte eines *Procompsognathu*s ähnelnden Raubdinosauriers samt Hautabdruck zum Vorschein

1989: In Baden-Württemberg wird anhand einer Fährte ein weiterer Raubtierfußdinosaurier (Theropode) nachgewiesen, der S*yntarsus* gleicht

1990: Der gepanzerte Dinosaurier *Emausaurus ernsti* aus einer Tongrube bei Greifswald (Mecklenburg-Vorpommern) wird von Hartmut Haubold beschrieben

1991: Neue Fährtenfunde eines großen Raubtierfuß-dinosauriers in Baden-Württemberg

2004: In Münchehagen (Niedersachsen) werden nahe der 1979 entdeckten alten Fundstelle weitere Dinosaurierfährten gefunden

2006: P. Martin Sander, Octávio Mateus, Thomas Laven und Nils Knötschke beschreiben den Elefantenfußdinosaurier *Europasaurus holgeri* aus dem Kalksteinbruch Langenberg bei

Göttingerode (Niedersachsen). Der Artname erinnert an den Entdecker Holger Lüdtke

2006: Ursula B. Göhlich und Louis M. Chiappe beschreiben den 1998 bei Schamhaupten unweit von Eichstätt (Bayern) entdeckten Raubdinosaurier *Juravenator starki*

2007: Die Dinosaurierfährten von Obernkirchen (Niedersachsen) werden entdeckt

2012: Oliver Rauhut, Christian Foth, Helmut Tischlinger und Mark A. Norell beschreiben den 2009 oder 2010 bei Painten unweit von Kelheim (Bayern) ausgegrabenen Raubdinosaurier *Sciurumimus albersdoerferi*

2016: Oliver Rauhut, Tom R.. Hübner und Klaus-Peter Lanser beschreiben den 1998 von dem Geologen Friedrich Albat im Wiehengebirge bei Minden (Nordrhein-Westfalen) entdeckten Raubdinosaurier *Wiehenvenator albati*

2017: Oliver Rauhut und Christian Foth identifizieren ein 1855 in Jachenhausen bei Riedenburg (Bayern) geborgenes Fossil als Raubdinosaurier und nennen es *Ostromia crassipes*. Vorher galt dieser Fund, der im „Teylers Museum" in Haarlem (Niederlande) aufbewahrt wird, als Urvogel.

2022: Ingmar Werneburg und Omar Regalado Fernandez beschrieben eine 1922 von Friedrich von Huene bei Trossingen entdeckte, *Plateosaurus* zugeschriebene und in der Paläontologischen Sammlung der Universität Tübingen aufbewahrte Hüfte als neue Gattung und Art namens *Tuebingosaurus maierfritzorum*.

Literatur

BIOGRAFIE VON PROFESSOR DR. HARTMUT HAUBOLD
http://www.geologie.uni-halle.de/igw/allgeo/staff/Haubold/ogr1.html

FASTOVSKY, David E. / WEISHAMPEL, David B. (2005): The Evolution an Extinction of the Dinosaurs. 2nd Edition. Cambridge University Press, Cambridge.

FERNÁNDEZ, Omar Rafael Regalado / WERNEBURG, Ingmar: A new massopodan sauropodomorph from Trossingen Formation (Germany) hidden as „Plateosaurus" for 100 years in the historical Tübingen collection. In: *Vertebrate Zoology* 72: S. 771–822, 2022.

HAUBOLD, Hartmut (1990): Ein neuer Dinosaurier (Ornithischia, Thyreophora) aus dem Unteren Jura des nördlichen Mitteleuropa. In: *Revue de Paléobiologie,* Bd. 9, S. 149– 177

MÜRITZEUM: *Emausaurus ernsti* – Norddeutschlands Dinosaurier
https://www.mueritzeum.de/de/natur_verstehen/fossilien/emausaurus_ernsti

PROBST, Ernst (2010): Dinosaurier von A bis K. Von Abelisaurus bis Kritosaurus, GRIN, München.

PROBST, Ernst (2010): Dinosaurier von L bis Z. Von Labocania bis Zupaysaurus, GRIN, München.

PROBST, Ernst / WINDOLF, Raymund (1993): Dinosaurier in Deutschland, C. Bertelsmann, München.

STUMPF, Sebastian / MENG, Stefan (2013): Dinosaurier aus Nordostdeutschland. In: *Biologie unserer Zeit,* Bd. 43, Nr. 6, S. 362–368

WEISHAMPEL, David B. / DODSON, Peter / OSMOLSKA, Halszka (2004): The Dinosauria. 2nd Edition, University of California Press, Berkeley CA
WIKIPEDIA (Online-Lexikon): *Emausaurus*
https://wikipedia.org/wiki/Emausaurus
WIKIPEDIA (Online-Lexikon) Hartmut Haubold
https://de.wikipedia.org/wiki/Hartmut_Haubold

Buch „Dinosaurier in Deutschland" (1993)
von Ernst Probst und Raymund Windolf (1953–2010)

Die Autoren

Ernst Probst, 1946 in Neunburg vorm Wald (Oberpfalz) geboren, war von 1973 bis 2001 verantwortlicher Redakteur bei der „Allgemeinen Zeitung" in Mainz und betätigte sich in seiner Freizeit als Wissenschaftsautor. Ab 1977 beschäftigte er sich mit der Erdgeschichte Deutschlands, zunächst als Fossiliensammler im Mainzer Becken, später als Verfasser von Artikeln für Tages- und Wochenzeitungen in Deutschland, Österreich und der Schweiz. Die „Welt" nannte sein 1986 erschienenes Buch „Deutschland in der Urzeit" ein „Glanzstück deutscher Wissenschaftspublizistik". Bis heute veröffentlichte er mehr als 300 Bücher, Taschenbücher und Broschüren aus den Themenbereichen Paläontologie, Kryptozoologie, Archäologie und Geschichte.

Raymund Windolf, geboren 1953 in München, gestorben 2010 in Rott/Lech, interessierte sich bereits als Sechsjähriger für Dinosaurier. Sein Berufsleben begann er mit einer Ausbildung zum Wetterdiensttechniker (Wetterbeobachter). Von 1975 bis 1983 arbeitete er beim „Deutschen Wetterdienst". Mit ideeller und finanzieller Unterstützung seiner Ehefrau Regina Cossmann studierte er danach Zoologie, Botanik und Paläontologie. Zeitweise war er Herausgeber der Zeitschrift „Dinosaurier-Magazin". 1989 veröffentlichte er das „Dinosaurier-Lexikon" und 1993 zusammen mit Ernst Probst das Buch „Dinosaurier in Deutschland". Während seiner Tätigkeit für den „Dinopark Münchehagen" war er ab 1998 an der Bearbeitung von Dinosaurierfunden aus Niedersachsen beteiligt.

Bücher von Ernst Probst

(Auswahl)

Als Mainz noch nicht am Rhein lag
Archaeopteryx. Die Urvögel in Bayern
Der Europäische Jaguar
Der Mosbacher Löwe. Die riesige Raubkatze aus Wiesbaden
Der Rhein-Elefant. Das Schreckenstier von Eppelsheim
Der Ur-Rhein. Rheinhessen vor zehn Millionen Jahren
Deutschland im Eiszeitalter
Deutschland in der Frühbronzezeit
Deutschland in der Mittelbronzezeit
Deutschland in der Spätbronzezeit
Die Aunjetitzer Kultur in Deutschland
Die Straubinger Kultur in Deutschland
Die Singener Gruppe
Die Arbon-Kultur in Deutschland
Die Ries-Gruppe und die Neckar-Gruppe
Die Adlerberg-Kultur
Der Sögel-Wohlde-Kreis
Die nordische Bronzezeit in Deutschland
Die Hügelgräber-Kultur in Deutschland
Die ältere Bronzezeit in Nordrhein-Westfalen
Die Bronzezeit in der Lüneburger Heide
Die Stader Gruppe
Die Oldenburg-emsländische Gruppe
Die Urnenfelder-Kultur in Deutschland
Die ältere Niederrheinische Grabhügel-Kultur
Die Unstrut-Gruppe
Die Helmsdorfer Gruppe

Die Saalemündungs-Gruppe
Die Lausitzer Kultur in Deutschland
Die Dolchzahnkatze Megantereon
Die Dolchzahnkatze Smilodon
Die Säbelzahnkatze Homotherium
Die Säbelzahnkatze Machairodus
Die Schweiz in der Frühbronzezeit
Die Rhône-Kultur in der Westschweiz
Die Arbon-Kultur in der Schweiz
Die Schweiz in der Mittelbronzezeit
Die Schweiz in der Spätbronzezeit
Deutschland in der Urzeit. Von der Entstehung des Lebens
bis zum Ende der Eiszeit
Deutschland in der Steinzeit. Jäger, Fischer und Bauern
zwischen Nordseeküste und Alpenraum
Deutschland in der Bronzezeit. Bauern, Bronzegießer und
Burgherren zwischen Nordsee und Alpen
Dinosaurier in Deutschland (zusammen mit Raymund
Windolf)
Dinosaurier von A bis K. Von Abelisaurus bis zu
Kritosaurus
Dinosaurier von L bis Z. Von Labocania bis zu Zupaysaurus
Dinosaurier in Bayern. Von Cetiosauriscus bis zu
Sciurumimus
Der rätselhafte Spinosaurus. Leben und Werk des Forschers
Ernst Stromer von Reichenbach
Compsognathus. Der Zwergdinosaurier aus Bayern
Plateosaurus. Der Deutsche Lindwurm
Liliensternus. Ein Raubdinosaurier aus der Triaszeit
Eiszeitliche Geparde in Deutschland
Eiszeitliche Leoparden in Deutschland
Höhlenlöwen. Raubkatzen im Eiszeitalter

Johann Jakob Kaup. Der große Naturforscher aus
Darmstadt
Monstern auf der Spur. Wie die Sagen über Drachen, Riesen
und Einhörner entstanden
Neues vom Ur-Rhein. Interview mit dem Geologen und
Paläontologen Dr. Jens Sommer
Österreich in der Frühbronzezeit
Österreich in der Mittelbronzezeit
Österreich in der Spätbronzezeit
Raub-Dinosaurier von A bis Z. Mit Zeichnungen von
Dmitry Bogdanav und Nobu Tamura
Rekorde der Urmenschen. Erfindungen, Kunst und Religion
Rekorde der Urzeit. Landschaften, Pflanzen und Tiere
Säbelzahnkatzen. Von Machairodus bis zu Smilodon
Säbelzahntiger am Ur-Rhein. Machairodus und
Paramachairodus
Was ist ein Menhir? Interview mit dem Mainzer Archäologen
Dr. Detert Zylmann
Wer ist der kleinste Dinosaurier? Interviews mit dem
Wissenschaftsautor Ernst Probst
Wer war der Stammvater der Insekten? Interview mit dem
Stuttgarter Biologen und Paläontologen Dr. Günther Bechly
Kastel in der Vorzeit. Von der Jungsteinzeit bis Christi
Geburt
Kostheim in der Vorzeit. Von der Jungsteinzeit bis Christi
Geburt
Die Altsteinzeit. Eine Periode der Steinzeit in Europa vor
etwa 1.000.000 bis 10.000 Jahren
Anno. 1.000.000. Deutschland in der älteren Altsteinzeit
Wiesbaden in der Steinzeit. Von Eiszeit-Jägern zu frühen
Bauern
Österreich in der Altsteinzeit. Vor 250.000 bis 10.000 Jahren

Das Protoacheuléen. Eine Kulturstufe der Altsteinzeit vor
etwa 1,2 Millionen bis 600.000 Jahren
Das Altacheuléen. Eine Kulturstufe der Altsteinzeit vor etwa
600.000 bis 350.000 Jahren
Das Jungacheuléen. Eine Kulturstufe der Altsteinzeit vor
etwa 350.000 bis 150.000 Jahren
Das Moustérien. Die große Zeit der Neanderthaler
Das Moustérien in Österreich. Eine Kulturstufe der
Altsteinzeit
Das Aurignacien. Eine Kulturstufe der Altsteinzeit vor etwa
35.000 bis 29.000 Jahren
Das Aurignacien in Österreich. Eine Kulturstufe der
Altsteinzeit
Das Gravettien. Eine Kulturstufe der Altsteinzeit vor etwa
28.000 bis 21.000 Jahren
Das Gravettien in Österreich. Eine Kulturstufe der
Altsteinzeit
Das Magdalénien. Die Blütezeit der Rentierjäger vor etwa
15.000 bis 11.500 Jahren
Das Magdalénien in Österreich. Eine Kulturstufe der
Altsteinzeit
Die Federmesser-Gruppen. Eine Kulturstufe der Altsteinzeit
vor etwa 12.000 bis 10.700 Jahren
Die Mittelsteinzeit. Eine Periode der Steinzeit vor etwa 8.000
bis 5.000 v. Chr.
Die Mittelsteinzeit in Baden-Württemberg
Die Mittelsteinzeit in Bayern
Die Mittelsteinzeit in Nordrhein-Westfalen
Die Jungsteinzeit. Eine Periode der Steinzeit vor etwa 5.500
bis 2.300 v. Chr.
Die ersten Bauern in Deutschland. Die
Linienbandkeramische Kultur (5.500 bis 4.900 v. Chr.)

Die Ertebölle-Ellerbek-Kultur. Eine Kultur der
Jungsteinzeit vor etwa 5.000 bis 4.300 v. Chr.
Die Stichbandkeramik. Eine Kultur der Jungsteinzeit vor
etwa 4.900 bis 4.500 v. Chr.
Die Hinkelstein-Gruppe. Eine Kulturstufe der Jungsteinzeit
vor etwa 4.900 bis 4.800 v. Chr.
Die Rössener Kultur. Eine Kultur der Jungsteinzeit vor etwa
4.600 bis 4.300 v. Chr.
Die Baalberger Kultur. Eine Kultur der Jungsteinzeit vor
etwa 4.300 bis 3.700 v. Chr.
Die Michelsberger Kultur. Eine Kultur der Jungsteinzeit vor
etwa 4.300 bis 3.500 v. Chr.
Die Kupferzeit. Wie die ersten Metalle in Mitteleuropa
bekannt wurden
Pfahlbauten in Süddeutschland. Dörfer der Jungsteinzeit und
Bronzezeit an Seen, Mooren und Flüssen
Die Salzmünder Kultur. Eine Kultur der Jungsteinzeit vor
etwa 3.700 bis 3.200 v. Chr.
Die Wartberg-Kultur. Eine Kultur der Jungsteinzeit vor etwa
3.500 bis 2.800 v. Chr.
Die Chamer Gruppe. Eine Kulturstufe der Jungsteinzeit vor
etwa 3.500 bis 2.700 v. Chr.
Die Walternienburg-Bernburger Kultur. Eine Kultur der
Jungsteinzeit vor etwa 3.200 bis 2.800 v. Chr.
Die Kugelamphoren-Kultur. Eine Kultur der Jungsteinzeit
vor etwa 3.100 bis 2.700 v. Chr.
Die Schnurkeramischen Kulturen. Kulturen der
Jungsteinzeit vor etwa 2.800 bis 2.400 v. Chr.
Die Glockenbecher-Kultur. Eine Kultur der Jungsteinzeit
vor etwa 2.500 bis 2.200 v. Chr.